STATISTIQUE AGRICOLE

DE L'ARRONDISSEMENT DE CHATEAU-GONTIER (MAYENNE)

PAR

SYLVAIN PICHON

MÉDECIN-VÉTÉRINAIRE

Trésorier de la Société Médicale de Château-Gontier,
Correspondant de la Société nationale et centrale de Médecine-Vétérinaire de France,
de la Société d'Alsace-Lorraine,
de la Société Vétérinaire du Calvados et de la Manche, — de la Société Vétérinaire
de l'Est et de celle du Lot-et-Garonne,
Vice-Président de la Société Vétérinaire de l'Ouest,
deux fois lauréat de la Société centrale d'Agriculture de France,
Correspondant de la Société d'Agriculture de Mayenne,
Membre de la Société des Agriculteurs [illegible] de la Mayenne,
Vice-Président du Comice agricole de Château-Gontier,
Membre honoraire des Comices de Grez-en-Bouère et de Bierné,
Inspecteur honoraire à l'Abattoir de Château-Gontier,
et Grande Médaille d'Or du Ministère de l'Agriculture et du Commerce.

« Tout fleurit dans un pays où fleurit
» l'agriculture. » SULLY.

CHATEAU-GONTIER
J.-B. BEZIER, IMPRIMEUR BREVETÉ
14, Rue Dorée, 14.

1880

STATISTIQUE AGRICOLE

DE

L'ARRONDISSEMENT DE CHATEAU-GONTIER

STATISTIQUE AGRICOLE

DE L'ARRONDISSEMENT DE CHATEAU-GONTIER (MAYENNE)

PAR

SYLVAIN PICHON

MÉDECIN-VÉTÉRINAIRE

Trésorier de la Société Médicale de Château-Gontier,
Correspondant de la Société nationale et centrale de Médecine-Vétérinaire de France,
de la Société d'Alsace-Lorraine,
de la Société Vétérinaire du Calvados et de la Manche, — de la Société Vétérinaire
de l'Est et de celle du Lot-et-Garonne,
Vice-Président de la Société Vétérinaire de l'Ouest,
deux fois lauréat de la Société centrale d'Agriculture de France,
Correspondant de la Société d'Agriculture de Mayenne,
Membre de la Société des Agriculteurs libres de la Mayenne,
Vice-Président du Comice agricole de Château-Gontier,
Membre honoraire des Comices de Grez-en-Bouère et de Bierné,
Inspecteur honoraire à l'Abattoir de Château-Gontier,
et Grande Médaille d'Or du Ministère de l'Agriculture et du Commerce.

« Tout fleurit dans un pays où fleurit
» l'agriculture. » SULLY.

CHATEAU-GONTIER
J.-B. BEZIER, IMPRIMEUR BREVETÉ
14, Rue Dorée, 14.

1880

RAPPORT

FAIT, AU NOM DE LA SECTION D'ÉCONOMIE,
DE STATISTIQUE
ET DE LÉGISLATION AGRICOLE

PAR M. MOLL,

SUR UNE

ÉTUDE AGRICOLE, ÉCONOMIQUE, STATISTIQUE
ET ZOOTECHNIQUE

DE L'ARRONDISSEMENT DE CHATEAU-GONTIER,

PAR

M. SYLVAIN PICHON,

VÉTÉRINAIRE A CHATEAU-GONTIER.

« Un vétérinaire de Château-Gontier, M. Sylvain Pichon, nous a adressé un travail manuscrit sous le titre de : *Étude agricole, économique, statistique et zootechnique de l'arrondissement de Château-Gontier (Mayenne)*.

» Nous venons, messieurs, vous en rendre compte.

» Ce travail est important. Le cadre adopté par l'auteur ne présente aucune lacune. On pourrait même lui reprocher d'être trop complet. Le voici, du reste :

» 1. Géographie de la Mayenne ;

» 2. Géographie de l'arrondissement de Château-Gontier ;

» 3. Minéralogie et géologie du même ;

» 4. Hydrographie ;
» 5. Population par catégories diverses ;
» 6. Serviteurs ruraux ;
» 7. Administration ecclésiastique ;
» 8. Instruction ;
» 9. Justice ;
» 10. Santé publique ;
» 11. Alimentation ;
» 12. Constructions rurales ;
» 13. Abreuvoirs ;
» 14. Notes historiques ;
» 15. Sol arable ;
» 16. Bois et forêts ;
» 17. Economie rurale (valeur des terres, propriétaires, fermiers, métayers) ;
» 18. Encouragements à l'agriculture ;
» 19. Médecine vétérinaire ;
» 20. Voies de transport ;
» 21. Engrais et amendements ;
» 22. Outillage agricole ;
» 23. Culture des céréales ;
» 24. Nos produits animaux. — Espèce bovine ;
» 25. Espèce chevaline ;
» 26. Espèce porcine ;
» 27. Espèce ovine ;
» 28. Volailles ;
» 29. Valeur de nos animaux, leur production annuelle ;
» 30. Débouchés de nos produits agricoles.

» Cette longue nomenclature vient confirmer ce que je disais. En l'écoutant, vous vous serez sans doute demandé l'utilité de certains chapitres, dans une statistique agricole. Ajoutons que l'auteur n'a pas assez atténué les défauts du cadre par des différences dans le développement donné aux divers sujets. Ce qu'il dit dans les chapitres consacrés à la culture et surtout au bétail, est, en général, bien, souvent très-bien ; mais, on se prend à regretter que ce soit si court.

» Malgré ces défectuosités de détail, le Mémoire de M. Sylvain Pichon est un beau et bon travail.

» Rappelons ici que l'arrondissement de Château-Gontier, le plus riche et le mieux cultivé du département de la Mayenne, et on peut dire de toute la contrée avoisinante, est un des premiers qui se soient lancés résolument dans la voie des croisements Durham qui, appliqués sur une grande échelle et avec une persévérance admirable, ont eu pour effet une transformation complète de la race indigène et un changement non moins grand dans la manière d'en tirer parti. Aujourd'hui, on trouverait difficilement une seule bête bovine qui n'eût pas, plus ou moins, de sang Durham. Au point de vue zootechnique, ce coin de terre présente donc un intérêt tout particulier.

» Votre Section d'économie et de statistique vous demande, messieurs, d'accorder à M. Sylvain Pichon, qui a déjà été votre lauréat une première fois, votre médaille d'argent et de déposer son Mémoire honorablement dans vos archives. »

Cette proposition a été mise aux voix et adoptée.

AVANT-PROPOS

L'Arrondissement de Château-Gontier est uniquement agricole. Presque tous, nous vivons de l'Agriculture, et pour elle : ce qui sera démontré par le classement de ses habitants.

Nos deux seules villes, Château-Gontier et Craon, qui comptent à peine 12,000 âmes, et nos bourgs, sont peuplés d'industriels, de marchands, de fournisseurs divers et de personnes très-particulièrement, pour ne pas dire uniquement, au service des propriétaires et des fermiers. — On ne devra donc pas être surpris de rencontrer, dans ce travail, la statistique de professions qui n'auraient pas leur raison d'être, d'une façon sérieuse, si elles ne tenaient leur existence que des populations étrangères aux choses de la campagne. *Ces pro-*

fessions tirent leurs ressources, ou presque toutes, des propriétaires et des ouvriers agricoles, patrons ou serviteurs, par la confection ou l'entretien des immeubles et des meubles de nos fermes.

Il m'a fallu, depuis un certain nombre d'années, faire bien des recherches, questionner bien des personnes pour arriver à la confection de ce modeste travail.

J'ai été heureux d'avoir pu puiser dans les ouvrages de mon ami regretté, le savant Docteur *Emile Mahier ;* et, tout particulièrement, de précieux et nombreux renseignements m'ont rendu l'obligé de *M. Viot*, secrétaire de notre Sous-Préfecture, que je suis heureux de pouvoir remercier publiquement.

GÉOGRAPHIE DE LA MAYENNE

Le département de la Mayenne est situé entre le 2e degré 30 et le 3e degré 30 minutes de longitude ouest de Paris, et entre le 47me degré 45 et le 48me degré 25 minutes de latitude nord.

Il tire son nom de la rivière, qui le traverse du nord au sud, et le partage en deux parties à peu près égales.

Il a été formé d'une partie de l'ancien duché de Mayenne, du comté de Laval presque entier, et d'une portion du nord de l'Anjou. Dans sa plus grande largeur, ce département mesure 62 kilomètres, et dans sa plus grande longueur, 82 kilomètres. Au nord, il est limité par la Manche et l'Orne ; à l'ouest et au sud-ouest, par ceux d'Ille-et-Vilaine et de la Loire-Inférieure ; au sud, par le département de Maine-et-Loire ; enfin, à l'est, par la Sarthe.

Le sol est inégal, coupé d'une foule de vallons, et accidenté par de nombreuses collines et plis de terrain souvent importants. Il n'offre pas de montagnes, mais certains points assez élevés. Les collines du Maine sont situées dans le nord du département. La Mayenne a une étendue de 516,301 hectares, et une population de 350,837 habitants. Il comprend trois arrondissements : celui de Laval, celui de Mayenne et celui de Château-Gontier.

L'arrondissement de :

Mayenne est composé de	12	cantons et	112	communes.
Laval..................	9	—	91	—
Château-Gontier.......	6	—	73	—
Cantons......	27	Com..	276	

Le département de la Mayenne forme la circonscription du diocèse de Laval, *suffragant* de l'archevêché de Tours. Ce département est compris dans le ressort de la Cour d'appel d'Angers et fait partie de l'Académie de Rennes.

Il appartient au 4e corps d'armée; quartier-général, Le Mans; compris dans la 1re division militaire, et à la 5me légion de gendarmerie, dont le colonel réside au Mans.

Enfin, à la 15me conservation des forêts, qui a pour chef-lieu Alençon.

Très-riche en bétail, notre département entretient :

Bêtes à cornes.............	253.000
Espèce chevaline............	86.000
— ovine..............	78.000
— porcine.............	84.000
Au total.....	501.000 têtes.

On y cultive le froment, l'orge, le seigle, le sarrazin et l'avoine. La production moyenne, en grains de toute nature, dépasse le chiffre de 3,500,000 hectolitres par année. Le froment, à lui seul, donne plus de 1,500,000 hectolitres.

La Mayenne nomme deux sénateurs, qui, actuellement, sont MM. le général Duboys Fresney et Denis.

GÉOGRAPHIE

DE L'ARRONDISSEMENT DE CHATEAU-GONTIER

Le plus méridional des trois arrondissements de la Mayenne. Il a pour limites, au nord, celui de Laval, à l'est le département de la Sarthe, au sud Maine-et-Loire, et à l'ouest ceux de la Loire-Inférieure et d'Ille-et-Vilaine.

Il est composé de six cantons : Bierné, d'une superficie de 17,337 hectares ; Château-Gontier, 27,238 hectares ; Cossé-le-Vivien, 20,126 hectares ; Craon, 21,362 hectares ; Grez-en-Bouère, 21,245 hectares ; et Saint-Aignan-sur-Roë, 19,485 hectares. Au total, 126,793 hectares. Ces six cantons se subdivisent en 73 communes.

De la Mayenne, c'est l'arrondissement le plus petit, mais le plus fertile et le mieux cultivé. Il est peuplé de 74,533 habitants.

Cette partie du département est composée d'une partie du Maine, ancien comté de Laval, et d'une zone de forme triangulaire, d'une contenance de 60,000 hectares, détachés du nord de l'Anjou.

Notre arrondissement appartient au Bassin de la Loire. Il est appelé à élire un député. Actuellement, il a pour représentant M. Albert Ancel.

Le climat de notre arrondissement est sain ; il appartient à celui dit Séquanien. Sa température est généralement froide et humide. La moyenne de la température des Étés y est de 17° 6' ; celle des Hivers, de 3° 95' ; en général, de 10° 9'. — Le nombre des jours de pluie s'élève à 140.

Les vents dominants sont ceux du sud, du sud-ouest, du nord et du nord-ouest.

MINÉRALOGIE & GÉOLOGIE

ROCHES QUI CONSTITUENT LA STRUCTURE DE NOTRE SOL

1° *Roches feldspathiques*, diorite, eurite, porphyre et petro-silex se rencontrent isolément.

2° *Roches micacées*, plus abondantes ; le gneiss, rare ; quelques roches schisteuses, sorte de schiste micacé et de phyllade maclifère, très abondantes, passent de l'une à l'autre. La stéatite, le stéachiste et le schiste talqueux se rencontrent sur un point limité.

3° *Roches amphiboliques*, diorite granitoïde compacte et la cornéenne.

4° *Roches argileuses*, qui constituent principalement le sol, le schiste argileux, le plus commun, tendre, fissile, gris, vert, jaunâtre. La pyrite de fer, fréquente ; schistes ampéliteux, schistes ardoises, schiste anthraciteux et argile plastique.

5° *Roches quartzeuses*, à l'état de quartz grenu, ou schiste quartzifère.

6° *Le calcaire* existe à l'*est* de l'arrondissement ; d'une texture presque compacte, gris, presque noir, ou, quelquefois, rouge ou rosé.

7° *Roches carbonifères*, ne se rencontrent que dans deux communes.

8° Enfin, roches arénacées, poudingues, grès, grauwack, surtout schisteuses, abondantes. Ces roches constituent un terrain dit de transition intermédiaire.

Le terrain de notre arrondissement a été formé par voie de sédimentation. Les couches se sont stratifiées en se déposant, en raison de leur pesanteur spécifique.

Le sol et le sous-sol de ce terrain sont composés par le résidu et les débris des roches ci-dessus, résultant d'altérations dues à l'influence de l'eau, de l'oxygène et de l'acide carbonique de l'air.

HYDROGRAPHIE

DE L'ARRONDISSEMENT DE CHATEAU-GONTIER

EAUX PLUVIALES, SOURCES, EAUX COURANTES.

La configuration du sol n'est ni celle d'une plaine, ni celle de montagnes.

Les ondulations constantes forment une sorte de reliefs dont l'altitude la plus élevée est à *Mondo,* en Villiers-Charlemagne, et ne dépasse pas 120 mètres.

Annuellement, il tombe dans notre arrondissement 590 millimètres d'eau.

Les sources, qui sont nombreuses, ont une altitude élevée ; mais presque toutes tarissent pendant la saison des grandes chaleurs.

BASSIN DE LA MAYENNE.

Flumen nigrum de César.

La Mayenne, notre principale rivière, est belle, perpendiculaire dans notre arrondissement ; elle le partage irrégulièrement : 2/3 sur sa rive droite, 1/3 sur sa rive gauche.

La longueur de son parcours, sur notre territoire, est de 44 kilomètres. Son altitude, en amont, est de 35 mètres ; en aval, à son entrée en Maine-et-Loire, de 24. Sa largeur moyenne est de 70 mètres.

Rendue navigable sous François Ier, elle finit d'être canalisée.

Le bassin de la Mayenne, rivière la plus importante,

à beaucoup près, de l'arrondissement, est formée par huit ruisseaux. Leur parcours est de 117 kilomètres. *Titre hydrotimétrique* de la rive droite : 9° ; de la rive gauche : 13°. Résidus d'évaporation, 0 gr. 186.

BASSIN DE L'OUDON.

L'*Oudon*, petite rivière, non navigable, traverse l'arrondissement du nord au sud-est, obliquement. Elle est un affluent de la Mayenne ; cette rivière reçoit plusieurs ruisseaux. Son parcours, sur notre territoire, est de 45 kilomètres.

A son entrée, son altitude est de 82 mètres ; à sa sortie, de 30. Elle reçoit sur sa rive droite des cours d'eau dont la longueur totale est de 73 kilomètres ; sur la rive gauche, 70.

Enfin, il existe encore 21 kilomètres de petits ruisseaux.

La moyenne du parcours des petits ruisseaux est de 9 kilomètres, et leur degré hydrotimétrique : 8°

L'orient de notre arrondissement est sur le versant de la Sarthe ; il est arrosé par différents cours d'eau importants, dont la moyenne de la longueur est de 10 kilomètres, et le dosage *hydrotimétrique*, 22°, ce qui s'explique par la nature du terrain.

Notre arrondissement est parcouru et arrosé par près de 400 *kilomètres* de cours d'eau ; ce qui entretient son état d'humidité.

Beaucoup de terrains pourraient être irrigués, et, malheureusement, ne le sont pas. Fort heureusement, ce qui est de la négligence pourra être réparé avec profit.

Sur notre sol, les eaux de pluies ont une action souvent dissolvante et délayante. Ces masses de terre ne pouvant plus alors se soutenir sur les pentes avec la déclivité qu'elles avaient, s'écroulent et causent de petits éboulements sur quelques-uns de nos terrains de sédiment.

POPULATION

PAR CATÉGORIES DIVERSES

Population totale par sexe :

Masculin........	37,069
Féminin.........	37,464
Total.....	74,533

Population par profession :

Profession		
Propriétaires faisant de la culture.......	Hommes,	1,064
	Femmes,	580
Fermiers-colons et métayers...........	Hommes,	7,692
	Femmes,	3,280
Journaliers.........................	Hommes,	2,270
	Femmes,	1,621
Domestiques.........................	Hommes,	9,975
	Femmes,	13,554
Domestiques attachés à la personne et, en même temps à l'agriculture.........	Hommes,	5,735
	Femmes,	2,532
Industrie...........................	Hommes,	5,960
	Femmes,	7,880
Commerce et transports...............	Hommes,	2,464
	Femmes,	3,929
Professions libérales................	Hommes,	807
	Femmes,	1,050
Rentiers............................	Hommes,	1,555
	Femmes,	2,587
Total..................		74,535

Garçons......	20,220	Filles........	18,100
Mariés.......	14,891	Mariées......	14,790
Veufs........	1,958	Veuves.......	4,574
	37,069		37,464

Total... 74,533

En 1876, le mouvement de la population a été le suivant :

Naissances........	1,665
Mariages..........	666
Décès............	1,924

Population selon l'origine et la nationalité :

Sexe masculin (naissances)	Dans l'arrondissement.	30,683
	Hors de............	6,289
	Etrangères..........	97
		37,069
Sexe féminin (naissances)	Dans l'arrondissement.	32,167
	Hors de............	5,275
	Etrangères..........	22
		37,464

Population municipale :

Agglomérée......	33,864
Eparse..........	39,730
Autres catégories..	939
Total.....	74,533

Enfin, l'arrondissement possède 20,198 ménages, logés dans 17,753 maisons.

SERVITEURS RURAUX

Personne ne doit ignorer que les bras deviennent de plus en plus rares à la campagne. Heureusement pour nous, depuis quelques années, la Bretagne nous fournit des serviteurs, hommes et femmes, qui trouvent chez nous un bien-être qu'ils ignoraient.

Il y a 25 ans, presque tous les domestiques se gageaient, le 24 juin, pour une année entière. C'était une bonne habitude, qui a le malheur de disparaître pour les hommes.

Aujourd'hui, à la date désignée ci-dessus, beaucoup se gagent pour des périodes qui varient ; mais le plus souvent, c'est du 24 juin au 11 novembre : toute la période des grands travaux.

Bon nombre de nos garçons de ferme dépensent leurs gages en même temps qu'ils les gagnent. Le jeu et le cabaret en absorbent une trop large part ; fort peu font des réserves sérieuses.

Les femmes se gagent également à la Saint-Jean, mais pour douze mois.

Nos fermières se plaignent de plus en plus de la difficulté qu'elles éprouvent pour se les procurer. Les jeunes filles préfèrent être domestiques à la ville, ou se font ouvrières.

Le travail est véritablement pénible pour elles, qui prennent part aux travaux des champs, pour la mise en terre et la récolte de nos moissons. A la maison, la maîtresse sait bien ne pas les y laisser inoccupées.

Pour la femme, il n'y a pas de journées d'un repos absolu ; il n'en est certes pas de même pour l'homme.

Depuis 1852, les gages annuels ont doublé de prix. Aujourd'hui, un garçon gagne, en moyenne, 450 francs, et une fille de ferme, au moins 300 francs.

Notre arrondissement possède, comme domestiques et enfants vivant du travail qui leur est fourni par les propriétaires ne cultivant pas eux-mêmes, et par les colons ou fermiers :

Sexe masculin.............	13.584
Sexe féminin..............	13.887
Au total...........	27.471

ADMINISTRATION

ECCLÉSIASTIQUE

Le Concordat de 1801 détacha du diocèse d'Angers la moitié de notre arrondissement pour la faire entrer dans celui du Mans.

Par une bulle de Pie IX, le 30 juin 1855, le territoire de la Mayenne a été distrait du diocèse du Mans, et un siége épiscopal a été créé à Laval.

Le département de la Mayenne, tout entier, forme la circonscription du diocèse.

L'évêché de Laval est suffragant de l'archevêché de Tours.

Monseigneur *Wicart,* ancien évêque de Fréjus, a été notre premier évêque ; et notre deuxième est Monseigneur *Le Hardy du Marais.*

Dans l'arrondissement, chaque commune possède un prêtre, si petite qu'elle soit, et toutes celles qui comptent 1,000 habitants en sont dotées de deux.

Notre pays est profondément religieux et très respectueux pour les prêtres, qui sont d'autant plus vénérés qu'ils s'appliquent davantage à rester dans les seules attributions de leur ministère sacré.

L'arrondissement, qui compte 73 communes, possède 161 prêtres pour 74,000 âmes.

M. l'abbé *Monguillon* est actuellement notre curé archiprêtre.

413 religieuses ou sœurs de divers ordres peuplent nos communautés et nos hospices, où elles sont unanimement estimées et recherchées. Beaucoup professent comme institutrices, bien que fort peu soient en possession de diplômes.

INSTRUCTION

Voilà le gros mot de notre situation, qui, à lui seul, divise la société entière, fait trembler les uns, et tressaillir d'espoir les autres.

L'instruction est tout le présent et tout l'avenir. Malheureusement encore, beaucoup ont l'air de s'obstiner à ne pas vouloir mesurer, selon sa valeur scientifique, l'homme, qui véritablement ne produit, pour son pays, qu'en raison directe de ce qu'il a appris, — de ce qu'il est réellement.

L'enseignement doit être libre, selon la volonté des personnes, mais donné seulement par des maîtres dotés de connaissances solides et garanties par des brévets de capacité.

L'*Instituteur* doit être rétribué en raison de sa valeur, et, dans tous les cas, de façon à lui assurer toute l'indépendance que lui commande sa dignité professionnelle, qui est toute de dévouement, de patience et d'abnégation.

Notre pays est fort peu instruit, ce qui, malheureusement, aide à croire que l'homme des champs en sait toujours assez.

Il ne suffit pas d'être inscrit, sur les états, comme

sachant lire et écrire, il faut savoir se servir de ce que l'on a pu apprendre.

Il n'existe aucune comptabilité dans nos fermes, alors même qu'il a été fait des sacrifices d'argent pour instruire les enfants.

On ne lit pas pour apprendre, pas même des journaux agricoles ; de là l'ignorance absolue de ce qui se fait ailleurs, souvent même à une toute petite distance de chez soi.

Dans de pareilles conditions, ce qui a été appris est vite oublié.

Dans le *service obligatoire* et l'*instruction* réside tout l'avenir de notre force nationale, de notre richesse publique et privée.

Pour *la femme*, l'instruction laisse par trop à désirer. Beaucoup de nos industriels affirment qu'il leur est difficile de pouvoir se recruter de factrices capables de pouvoir bien remplir ce poste délicat et souvent difficile.

Ordinairement, les enfants de la campagne vont à l'école de 7 à 12 ans, rarement plus tard.

Les garçons sont entre des mains laïques, et les filles sont plus particulièrement dans des écoles congréganistes.

L'arrondissement possède, au total, 137 écoles.

Pour les garçons.............	61	écoles.
Pour les filles.................	61	—
Mixtes, tenues par des femmes..	15	—
Total.......	137	—

Écoles de garçons	dirigées par des	congréganistes....	13
—	—	—	laïques..........	43
—	filles	—	laïques..........	13
—	—	—	congréganistes ...	68
			Total..............	137

Ces écoles sont peuplées de 8,381 élèves.

Garçons...... 4,154 } 8,381 élèves, — non compris les
Filles........ 4,227 }
élèves du collège de Château-Gontier.

Depuis plus de 30 années, Château-Gontier, qui commence à se faire imiter, a des écoles municipales gratuites, et cette ville voulant se soumettre à la loi, se prépare à organiser une école laïque pour les filles. Elle a l'espoir d'y faire donner une instruction solide et digne des sacrifices qu'elle veut bien s'imposer.

Comme complément, et pour habituer les enfants à l'épargne, M. Duboys Fresney fils, s'est appliqué, avec succès, à créer, dans notre canton et dans quelques communes voisines, des caisses d'épargne scolaires. Déjà plus de 600 livrets ont été pris, mais plus particulièrement par les écoles de garçons.

On prend l'habitude de donner en prix des livrets de caisse d'épargne.

JUSTICE

L'arrondissement de Château-Gontier est compris dans le ressort de la Cour d'Appel d'Angers.

Il possède un Tribunal de première instance, jugeant commercialement, et six Tribunaux de paix.

Notre Tribunal juge, en moyenne, 365 affaires correctionnelles par an. En 1877, il a rendu 171 jugements civils.

Le Tribunal de Château-Gontier est composé d'un président et de deux juges, de trois juges suppléants et d'un greffier, assisté d'un commis ; enfin, quatre avoüés portent les affaires à l'audience. Quatre huissiers font le service au siège du Tribunal.

Le Bureau d'*Assistance judiciaire* est composé d'un président, M. Gernigon, et de MM. Legeay, Sesboué, Pallu et Plé.

Presque toutes les difficultés rurales sont réglées à dire d'experts, qui, dans notre arrondissement, constituent une corporation très-honorée.

Tribunaux et experts jugent ou se prononcent, le plus souvent, en prenant comme base un recueil des usages ruraux, dont la création remonte à l'année 1850.

Ce recueil, d'une valeur pratique justement reconnue, a été imité par un certain nombre d'arrondissement de notre pays. Il est composé de 7 chapitres, divisés en 95 articles.

Les experts de l'arrondissement de Château-Gontier se sont constitués en Société dès l'année 1860 : le 5 août.

Le siége de cette Société est au chef-lieu d'arrondissement ; le nombre de ses membres est de vingt, qui appartiennent à nos 6 cantons ; en plus, huit résident en dehors de ceux-ci.

Le Bureau actuel est composé de :

MM. Berlière, président ;
François, rapporteur ;
Girandier Jean, secrétaire-trésorier.

Cette Société se réunit deux fois, chaque année, en séances générales.

SANTÉ PUBLIQUE

Depuis le 18 décembre 1848, chaque arrondissement possède, à son chef-lieu, un Conseil d'hygiène et de salubrité, qui est appelé à donner son avis lors de l'installation de certaines industries, et toutes les fois que l'autorité croit devoir se faire éclairer sur le danger que peut encourir la santé publique.

Nous possédons un médecin des épidémies, et un jury médical a la mission de visiter chaque année les pharmacies, les drogueries, les épiceries, et leur pouvoir peut être appelé à s'exercer dans le cas où des denrées alimentaires seraient suspectées comme avariées ou altérées.

Jusqu'à ce jour, ce qui est contraire à la loi et aux règlements, le jury médical est chargé de visiter les pharmacies des empiriques et celles des sœurs, bien que les premiers n'aient pas le droit d'avoir des poisons, et les dernières des pharmacies.

Le nombre des médecins en exercice est de vingt, et huit pharmacies seulement. C'est bien peu pour une population de 74,500 habitants. Aussi, la médecine empirique s'exerce sous toutes les formes par des personnes des deux sexes, et s'oppose à l'installation de nouveaux médecins, car, sans ceux-ci, pas de pharmacies possibles.

Une Société de médecine, dont le siège est à Château-Gontier, porte le titre de *Société Médicale de l'arrondissement de Château-Gontier* ; elle date de

1838 et compte vingt-trois membres, divisés en trois sections : médicale, pharmaceutique, vétérinaire.

Le Bureau actuel est composé comme suit :

Président : M. Tertrais, docteur-médecin ;
Trésorier : M. Pichon, vétérinaire ;
Secrétaire : M. Homo, docteur-médecin.

Les membres titulaires habitent au siège de la Société ; ils sont au nombre de quinze. Au contraire, les huit membres associés exercent sur différents points de l'arrondissement.

La Société médicale se réunit à l'Hospice Saint-Julien, où elle possède une belle et nombreuse bibliothèque, due à des libéralités de plusieurs de ses fondateurs et aux abonnements annuels à des ouvrages ou à des journaux qui intéressent les différentes sections, et qui sont payés à l'aide des cotisations des titulaires.

Le service médical des Hospices se fait bien : nos médecins y apportent le dévouement le plus méritoire.

Les Hospices de Château-Gontier se composent de l'Hôpital Saint-Julien, fondé en 1206, et de l'Hospice Saint-Joseph (vieillards et enfants). Au total, 360 lits.

Cossé-le-Vivien a un Hôpital depuis 1687, et un Hospice créé en 1833. En tout, 28 lits.

Craon possède un Hôpital et un Hospice, 1687 et 1827. — 55 lits

Dès l'année 1042, Bouère a vu organiser un Hospice de 12 lits. Soit pour l'arrondissement, 455 lits.

Le service de ces établissements est fait par des religieuses ou par des sœurs, à la plus grande satisfaction des malades et des municipalités.

ALIMENTATION

On peut affirmer que, dans son ensemble, l'alimentation de nos populations agricoles est bonne et proprement préparée.

Producteurs de froment, nos fermiers font moudre leur blé dans nos moulins, qui, aujourd'hui, sont bien montés, munis de nettoyages et de bluteries. Le plus souvent, le meilleur froment de la récolte est mis de côté pour être consommé à la maison.

Le pain, quand la cuisson est convenable, se conserve bon une douzaine de jours ; il est ordinairement blanc, sapide et excellent.

La viande de porc est l'aliment qui constitue la base de la nourriture des jours gras. Notre précieuse race craonnaise fournit un lard ferme, qui prend bien le sel, et dont on se fatigue moins, paraît-il, que d'une autre viande.

Dans nos grandes fermes, pour être mieux, on renouvelle l'approvisionnement tous les six mois. Pendant la saison des grands travaux, des saucisses, des rillettes et la gorge du porc, qui est fumée, sont consommées pour varier la nourriture et exciter l'appétit.

Chez les fermiers soigneux de leur personnel, on sert de temps en temps une volaille, quelques lapins élevés à la ferme, et aussi des viandes de boucherie.

La plupart de nos mares sont peuplées de poissons, qui sont pour les jours où il est fait maigre, en même temps qu'il se fait une grande consommation d'œufs.

Le jardin offre une grande ressource, quand on sait l'ensemencer et le planter convenablement de légumes d'un bon choix et variés.

La boisson uniforme de notre arrondissement est le cidre de pommes surtout, et quelque peu de poires. Il n'est consommé que fort peu de vin, mais une certaine quantité d'eau-de-vie, au moment des récoltes.

Quand nos fermiers n'ont pas de pommes, ils en achètent qui, grâce aux chemins de fer, peuvent nous venir de fort loin. Ce bénéfice nous était inconnu il y a 25 ans.

On estime que chaque personne consomme, par année, 3 hectolitres 1/2 de froment, et de 45 à 50 kilos de viandes de toutes sortes.

CONSTRUCTIONS RURALES

Les constructions rurales qui, primitivement, étaient seulement composées de quelques pièces, groupées et communiquant de l'une à l'autre, sans être obligé de mettre le pied dehors, ont, de tout temps, été d'une importance proportionnée et commandée par les besoins du moment.

Il y a 50 ans, nos animaux vivaient dehors d'une façon presque continue ; ils n'avaient pour se loger que quelques réduits obscurs ou des loges couvertes en paille et closes par des fagots d'épines ou de genêts.

Alors, les personnes étaient entassées dans des appartements, souvent bas d'étage et peu éclairés. A cette époque, dans bien des constructions, il entrait à peine quelques pierres dans les sous-bassements, l'état des chemins ne permettant pas le transport d'objets aussi lourds.

Malgré cela, les couvertures des bâtiments les plus anciens et les plus isolés étaient en ardoises.

Depuis 1840, nos fermes ont été toutes rebâties à neuf, ou, tout au moins, notablement réparées et accrues. Les routes nombreuses, faites depuis cette époque, ont permis de ne plus édifier que des constructions en pierre.

Aujourd'hui, les maisons d'habitation sont éclairées, aérées et divisées en appartements qui permettent d'avoir des pièces pour les hommes et d'autres pour les femmes, ce qui facilite à celles-ci des soins hygiéniques qui, selon un travail du docteur Tertrais père, laissaient anciennement par trop à désirer.

Presque dans chaque ferme, il existe un appartement spécial pour la fabrication du pain et sa cuisson, pour la préparation des aliments destinés aux animaux, et enfin pour les lessives.

Si l'architecture rurale laisse à désirer, il faut cependant savoir reconnaître qu'elle se préoccupe sérieusement de la salubrité, de la diminution des chances d'incendie et de l'assainissement des cours, en faisant disparaître les cloaques et en aidant à l'écoulement des eaux de toute nature.

On doit toujours, et de plus en plus, s'appliquer à faciliter le renouvellement de l'air vicié dans tous les logements de nos animaux, créer et imposer le fonctionnement des fosses à purin. On doit installer des latrines : ce qui fait à peu près complètement défaut. La présence des fumiers au-devant des maisons est souvent une cause de maladies pour les habitants. Il y a donc lieu de rechercher un emplacement plus intelligent et plus salubre, en même temps que les bâtiments ne doivent jamais être adossés à des terrains plus élevés, ce qui entretient une humidité malfaisante que l'on doit s'appliquer à prévenir en creusant des caves sous les appartements.

Grâce à nos architectes, qui veulent bien diriger et faire édifier des constructions rurales, nous possédons bon nombre de fermes pouvant être imitées avec fruit.

ABREUVOIRS

Toutes celles de nos fermes qui sont situées sur le bord de nos rivières et de nos ruisseaux, très-nombreux, se servent des eaux courantes pour abreuver les animaux.

Assez souvent, nos ruisseaux tarissent pendant la saison d'été ; mais, dans ce cas, presque toujours, un réservoir est en communication avec le cours d'eau, à l'effet de constituer une retenue pour la saison chaude.

Les quelques étangs qui subsistent, en cas de chômage, servent aux fermes voisines privées d'eau pour un certain temps.

Les fermes privées de ces ressources ont toutes un abreuvoir plus ou moins bien approprié ; ce sont des mares, trop souvent mal situées, où l'eau y est croupissante, et qui, trop fréquemment, reçoivent les égouts des étables et des fumiers. Les fosses à purin sont à peu près complètement inconnues dans notre contrée.

Les substances végétales et animales que contiennent nos mares s'y décomposent, donnent à l'eau des couleurs variées et une odeur caractéristique, en les rendant funestes aux habitants, par les émanations, et aux animaux qui les consomment comme boisson, parce qu'ils n'en ont pas de plus salubres.

Si notre bétail les prend, quoique malsaines, c'est

uniquement parce qu'il n'en a pas de meilleures; car il n'est pas rare de voir un animal, habituellement conduit à un abreuvoir pourvu d'eau bien propre, refuser de boire dans une mare mal entretenue.

Tous les ans, dans les mois les plus chauds, je traite bon nombre d'animaux atteints d'affections à forme Typhoïde : affections qui peuvent être attribuées à l'ingestion de cet aliment vicié, en même temps qu'aux émanations malsaines des fumiers mal entretenus.

On ne saurait donc trop condamner les eaux troubles et vaseuses, à émanations fétides, qui, dans l'été, atteignent jusqu'à la température de 26°.

Dans bien des cas, nos mares auraient besoin d'être réformées dans leur situation, leur entourage et leur construction. Elles doivent être mises complètement à l'abri des urines. Leur place est au nord des habitations, plutôt qu'au midi. Il faut, en même temps, que l'eau se renouvelle aussi souvent que possible.

S'il y a utilité à planter le pourtour des abreuvoirs, certaines essences doivent être sévèrement exclues : le frêne, tout particulièrement, à cause des cantharides qui, se nourrissant de ses feuilles, tombent dans l'eau. Le platane, qui se développe si bien sous notre climat, mérite une recommandation spéciale ; il a le privilège de ne pas attirer les insectes : ceux-ci ne recherchent pas ses feuilles pour leur alimentation.

Il y a bien longtemps que l'eau salubre est recommandée comme boisson hygiénique pour nos animaux domestiques, car, depuis *Virgile* jusqu'à ce jour, nos savants ont démontré bien des fois que le lait, dans sa quantité et sa qualité, est toujours en rapport direct avec la quantité et la qualité de l'eau absorbée ; ce que nous paraissons par trop ignorer pour le bien fondé de nos intérêts.

NOTES HISTORIQUES

Dès l'âge de *pierre*, notre pays était habité.

Au IIe siècle, il était couvert de forêts, peuplées de prêtres et de prêteresses *druidiques* ; ce qui nous reste démontré par quelques pierres de cette époque. A ce moment, ces personnages fuyaient les décrets de proscription de Rome.

Ce fut seulement 51 ans avant notre ère, que notre pays fut totalement conquis par les Romains.

Nous possédons des fers de chevaux, trouvés à Château-Gontier, qui datent du temps gallo-romain, et, il y a quelques jours seulement, dans des fouilles pratiquées pour la construction d'une chapelle, qui s'élève Grand'-Rue, sur notre recommandation, l'entrepreneur a recueilli un fer de cette date et nous l'a remis.

Quand les Gaulois voulaient défricher un terrain, pour se protéger et dessécher le sol, ils commençaient invariablement par faire une enceinte de fossés, couronnés de haies vives. De là les clôtures, les closeaux et les closeries, qu'ils faisaient garder, à l'intérieur, par de gros chiens.

En même temps, ils construisaient une cabane ronde pour eux et leurs animaux.

Déjà les bœufs de notre pays et les porcs étaient fort recherchés des *Romains*. Les *Phocéens*, 600 ans avant Jésus-Christ, passent pour avoir importé le blé dans la Gaule. Nous tenons la vigne des *Romains*, du temps de l'empereur *Probus*, qui l'a propagée.

Nos ancêtres, pendant longtemps, se sont nourris de châtaignes, de glands, de chasse, et du produit de leur pêche.

Les premiers bourgeois de notre pays ont acquis leur position en étant fermiers des abbayes et des seigneurs, qui habitaient loin de leurs terres.

Les Gaulois cultivaient déjà le *lin*, le *chanvre*, le *sézame*, trois plantes oléagineuses qui, peut-être, étaient, dès cette époque, des cultures industrielles.

A la *Jacopière*, en 1782, on a vu apparaître la *pomme de terre*. Dans le *pays de Craon*, également, en 1786, le *topinambourg* et le *colza* ont été importés.

L'année 1790 a vu la *luzerne* et la culture du *navet*.

Ce n'est que vers 1800 que le froment a commencé à être semé en grand. Enfin la culture du *chou*, dit du *Poitou*, ne date que de 1830.

De la révolution de Juillet, commence véritablement la réforme agricole de notre contrée. Beaucoup de positions brisées ou abandonnées ont amené bon nombre de propriétaires à habiter leurs terres, et pour occuper leurs loisirs, comme pour tirer bon parti de leurs fermes, ils se sont mis à faire de l'agriculture intelligente et progressive.

Les routes, belles et nombreuses, ont aidé largement à obtenir le résultat que nous nous plaisons à proclamer hautement.

SOL ARABLE

SA CONFIGURATION, — SA RICHESSE, — SA DIVISION

Le sol de notre arrondissement est généralement incliné du nord au sud, et dans le sens de nos rivières. Il est ondulé par une succession de plis de terrain. Nous n'avons pas de collines prononcées, pas plus que de surfaces planes étendues.

Tous nos champs sont hermétiquement clos de fossés et de fortes haies, plantées d'épines et d'arbres à haute tige, particulièrement de chênes dont beaucoup, taillés en têtards, constituent ce que nous appelons des souches dont les pousses sont coupées en même temps que les épines, tous les sept ans. Des rangées de pommiers et quelques poiriers sont plantés dans les pièces de terre ; vu à distance, on dirait, de notre pays, une vaste forêt continue.

D'une superficie totale de 126,000 hectares, 110,000 sont cultivés en sillons ; cependant, depuis quelques années, il y a, sur bien des points, une tendance à faire des labours plats et, par contre, à se servir du semoir et des instruments perfectionnés.

Depuis longtemps, nous ne voyons plus de terres improductives, plus de *landes,* plus de *genêts* ; la jachère morte, anciennement si répandue, a complètement disparu.

Le plus petit, mais le plus fertile de la Mayenne, notre arrondissement est uniformément soumis à la culture triennale.

L'emploi de la chaux, qui date de 50 ans, en même temps que nos routes, a transformé notre sol. De cette époque, date, en grand, la culture du trèfle, dont on a usé d'abord, puis abusé, comme trop souvent on le fait de tout ce qui est bon, en semant la même plante trop souvent à la même place. Notre sol est menacé d'épuisement, certains principes, rendus solubles et assimilables, ayant disparu par l'exportation des produits du sol ou entraînés par les eaux de pluies. Le seul moyen de parer à un pareil inconvénient consiste à rendre au sol ce qui lui est enlevé et au-delà, si faire se peut, et surtout des phosphates.

La brièveté des baux n'est certainement pas étrangère au mal que nous signalons.

Notre sol est très-divisé ; non-seulement le nombre des pièces de terre est considérable, mais il appartient à beaucoup de propriétaires et constitue un grand nombre d'exploitations.

ÉTENDUE DES EXPLOITATIONS.

De 1 à 5 hectares..........	1.090
» 5 à 10 »	1.357
» 10 à 20 »	1.701
» 20 à 50 »	1.669
» 50 à 100 »	189
Au-dessus de 100 hectares......	4
Total	6.010

BOIS & FORÊTS

Notre arrondissement est compris dans la quinzième conservation. La forêt domaniale de Bellebranche, assise sur les communes de Bouère et Saint-Brice, canton de Grez-en-Bouère, est la seule soumise au régime forestier ; elle est d'une contenance de 143 hectares.

Le service de cette forêt, et celui relatif aux défrichements des bois particuliers, est sous la surveillance du conservateur d'Alençon, inspection du Mans.

Les forêts de *Valles*, de *Craon*, celle de *Lourzais* et quelques bois-taillis, composent un ensemble d'environ 2,000 hectares, sur un total de 30,000 que possède le département de la Mayenne.

Les essences principales de nos bois et forêts sont : le *chêne*, le *châtaignier*, le *hêtre*, le *bouleau*, le *noisetier*, le *houx* et le *fusin*.

Le peuplier est abondant et prospère, de façon à mériter d'être propagé dans nos fermes.

Chaque année voit diminuer le bois de construction et de chauffage ; de là, une augmentation progressive qui en a doublé la valeur depuis trente années.

Les propriétaires de taillis n'ont pas intérêt à les

aliéner ou les détruire, à moins de circonstances toutes particulières.

La vente des biens nationaux, la confection de nos routes, celles de nos chemins de fer, et une agriculture mieux entendue, pour aérer les champs, les agrandir, ont provoqué l'abattage d'une quantité considérable d'arbres qui faisaient, de notre pays, une contrée de bocage, à ce point qu'à distance, l'œil croyait toujours être en présence d'une forêt, ce que j'ai déjà dit.

Le gibier de notre pays est excellent. Il devient rare ; le braconnage en est, en partie, cause. Malgré cela, nous possédons quelques chevreuils, du lièvre et du lapin. La perdrix rouge, la grise et le râle de genêts sont loin d'être rares, et nos bois sont hantés par la bécasse. Les cailles et les alouettes complètent le gibier qui fait le délice des chasseurs. Les renards abondent chez nous, et détruisent beaucoup.

Notre lieutenant de louveterie est actuellement M. Jules Thoreau de la Touchardière, conseiller d'arrondissement pour le canton de Cossé-le-Vivien, pays dans lequel le loup apparaît encore de temps à autre.

ÉCONOMIE RURALE

Sur un total de 126,000 hectares, 111,584 hectares sont cultivés, savoir :

Par	1.033	propriétaires........	11.000	hectares.
—	3.044	fermiers	50.621	—
—	2.254	métayers	49.963	—
Total..	6.331	Total....	111.584	hectares.

Le nombre des fermes à moitié fruit va en diminuant. Nos fermiers, aussitôt que leurs ressources le leur permettent, préfèrent être à prix de fermage : ils veulent être libres dans leurs opérations.

Les baux sont trop courts ; beaucoup de fermiers n'ent ont pas, et un grand nombre n'en ont que de trois, six ou neuf années, par période de trois ans ; les plus longs sont de neuf ans. Dans de pareilles conditions, il n'est pas permis d'espérer qu'il puisse être fait des avances au sol; les opérations agricoles étant toutes à long terme, il ne pourrait être possible de rentrer avantageusement dans ses déboursés par amortissement.

L'entrée en jouissance de nos fermes est invariablement le 1er novembre, et, quand il n'y a pas de bail, la tacite reconduction n'est que de dix mois avant la *Toussaint*.

Le prix de fermage s'acquitte le 1er novembre, ou moitié le 1er mai et l'autre moitié à la date de l'entrée en jouissance.

NOTRE FORTUNE AGRICOLE.

Notre sol est d'une valeur moyenne de 3,000 francs l'hectare, ce qui constitue une fortune immobilière de 333 millions. Pour arriver à ce chiffre, il faut tenir compte de la valeur des terres qui sont rapprochées des villes et des bourgs.

Le prix de fermage, par hectare, peut être porté à 100 francs ; ce qui procure un revenu annuel de 11 millions de francs, soit un rapport de 3 0/0 pour l'arrondissement.

Un dixième de la superficie de notre sol, dit arable, est occupé par les haies, les fossés, les cours, chemins et voies d'exploitation et bâtiments.

Les fonds de roulement s'élèvent, en moyenne, au chiffre de 500 francs pour un hectare ; il faut 25,000 frans pour s'installer dans une ferme de cinquante hectares.

La fortune mobilière agricole de l'arrondissement de Château-Gontier peut donc être portée à 56 millions de francs.

Valeur de notre sol......	333.000.000 de fr.
Valeur mobilière........	56.000.000 —
Total............	389.000.000 de fr.

On peut dire que les impôts sont toujours acquittés par le fermier, qu'il soit à prix de fermage ou à moitié fruit. — Nos impôts, qui s'acquittent bien, s'élèvent, approximativement, au dixième du prix de fermage.

ENCOURAGEMENTS

A L'AGRICULTURE

HARAS.

Nous appartenons au deuxième arrondissement et sommes compris dans la circonscription du dépôt d'étalons d'Angers, inspection du Mans.

Des courses ont été fondées à Craon, en 1848 ; elles ont lieu chaque année en septembre ; elles sont classées au règlement général des courses depuis le 18 mai 1857.

La Mayenne est du ressort de la remonte d'Alençon ; mais on a la fâcheuse habitude de nous demander plus particulièrement des chevaux de selle, quand nous ne produisons que des animaux de trait ou de trait léger.

Depuis 1852, notre arrondissement possède une chambre consultative d'agriculture ; chaque canton doit y être représenté. Cette institution, qui pourrait être fort utile, en rendant de grands services, ne fonctionne pas ; elle est incomplète depuis des années et n'est pas appelée à se réunir, ce qui est bien regrettable.

COMICES AGRICOLES.

Le canton de Château-Gontier possède un comice depuis quarante ans ; il a fonctionné, pendant un certain nombre d'années, comme comice d'arrondissement ; puis, successivement, chaque canton a voulu posséder le sien, en sorte que, depuis longtemps, chacun de nos six cantons a son comice.

Ces sociétés, qui ont rendu de réels services, sont arrivées à un état de torpeur qui laisse à désirer. Après avoir fait beaucoup pour le bétail, il faut qu'elles étudient certaines questions se rattachant plus particulièrement à la longueur des baux, à l'épuisement du sol, aux engrais, à l'outillage, à l'ensilage et aussi à l'instruction qui devrait, dans nos écoles, être donnée, en vue de l'avenir agricole de notre jeune génération.

Un comice n'a pas le droit de piétiner sur place ; il a toujours à chercher et à trouver.

Nos six comices réunis disposent annuellement d'environ 10,000 francs ; tous les propriétaires devraient s'imposer l'obligation d'en être membres et payer des cotisations aux enfants de leurs fermiers. S'il en était ainsi, les ressources doubleraient, au bien des intérêts de tout le monde. Enfin, je crois que nos six comices devraient organiser un concours d'arrondissement et créer un journal d'agriculture mensuel, qui serait distribué et lu par les 1,000 personnes, à qui il serait adressé.

Depuis 1877, le département a mis à la disposition de chacun des trois arrondissements, une somme annuelle pour encourager la bonne production de l'espèce chevaline et primer les poulinières et des pouliches. Malheureusement, c'est l'administration des Haras qui est appelée à en régler l'emploi, et il est fortement à supposer que les animaux de sang seront privilégiés dans la distribution, à l'encontre des intérêts et des raisons économiques de notre production actuelle.

Le Conseil général de la Mayenne, en 1878, a voté une subvention annuelle de 10,000 francs pour primer des étalons de trait, capables de produire bon nombre de chevaux d'artillerie, de selle ou d'attelage. Il est certain que cette production ira en croissant, ce que nous osons espérer. Cette somme doit, au moins, être doublée, si on veut sérieusement améliorer promptement notre espèce chevaline, si précieuse, dont les 20,000 têtes représentent, dès aujourd'hui, une valeur de 10,000,000 de francs.

Cette mesure, si utile, est due à l'initiative de notre Préfet actuel, M. Genouille, très dévoué à nos intérêts agricoles.

A titre d'encouragement, l'administration des Haras, qui avait une station à Craon, en a créé une, en 1880, à Château-Gontier.

MÉDECINE VÉTÉRINAIRE

Il y a bien longtemps que notre arrondissement est en possession de quelques vétérinaires, et, malgré la supériorité de plusieurs notamment, nous voulons parler du professeur *Rigot,* de son père et du frère de celui-ci, vétérinaire au Haras, de Craon, nés dans notre ville, le nombre ne s'en est pas accru depuis la mort de Rigot père, mort qui date de loin, 1852. Nous ne sommes encore que trois ; ce qui paraît suffisant, en présence de la position précaire qui nous est créée.

Notre pays, encore imbus de préjugés, croit aux empiriques, au savoir qu'ils ne peuvent posséder, et est resté le tributaire de ces ignorants, par lesquels le plus gros de la médecine-vétérinaire, à beaucoup près, est faite.

Par rang d'âge, nos vétérinaires sont : 1° M. Pasquier, chargé du service des épizooties pour tout l'arrondissement ; il est membre du conseil d'hygiène ; 2° M. Pichon ; 3° M. Gaignard. La ville de Craon a 1 vétérinaire et, Château-Gontier, 2.

L'ignorance dans laquelle on veut bien, jusqu'à ce jour, laisser nos campagnes se prête, de la façon la plus naturelle, aux croyances de la *science infuse,* ce qui fait que la médecine de nos animaux, si on veut bien se servir de cette expression, est faite par des praticiens empiriques, patentés comme hongreurs, possesseurs de pharmacies richement garnies des poisons les plus dangereux dont ils ignorent l'action, et inspectées par le jury médical, qui, par ce fait seul, fait naître dans la pensée des populations la croyance qu'une semblable mesure ne peut être prise que vis-à-vis de personnes offrant des garanties d'un savoir sérieux. Dans tous les cas, les empiriques savent tirer bon parti du procédé, car ils sont au même rang que le pharmacien, que le médecin et que le vétérinaire, pour lesquels cependant l'Etat a fait de grands sacrifices pour les instruire et *les sacrifier ensuite.*

Dans la Mayenne, celui qui est vétérinaire a une belle profession, mais un mauvais métier.

Non compris quelques maréchaux, 150 empiriques exercent et soignent trop souvent l'homme et sa bête ; un certain nombre pousse le charlatanisme jusqu'à se faire craindre ; alors le fermier s'applique, autant que possible, à ne pas contrarier ce personnage qui commande en maître, assuré qu'il est qu'on n'oserait pas lui adresser la plus petite plainte.

Espérons que *l'instruction* viendra éclairer ceux qui ont besoin de l'être et qu'il arrivera enfin un jour où tous les agriculteurs sauront s'adresser aux hommes dotés de connaissances acquises, parce que, ayant étudié dans nos écoles, ces hommes seuls seront reconnus capables de faire de la médecine-vétérinaire et de défendre notre richesse animale.

En attendant ce moment si profitable à la fortune publique, il sera certainement encore surabondamment démontré que l'ignorance seule ne doute de rien.

Le plus honnête homme ne saurait se procurer un gramme de poison chez son pharmacien, et, le premier venu, parce qu'il lui plaira de dire qu'il veut faire de la médecine-vétérinaire, peut encore, contrairement à la loi, se procurer, chez le même pharmacien, des *kilos* de poisons et les débiter, suivant ses inspirations ignorantes et dangereuses. Pareil état de choses ne saurait durer bien longtemps ; il suffira d'y réfléchir pour y porter remède. Aussi avons-nous cru de notre devoir de le signaler à l'attention de nos législateurs.

VOIES DE TRANSPORT

ROUTES — CHEMINS DE FER — CANAUX

Peu d'arrondissements, en France, sont aussi bien dotés que le nôtre. Dans l'état actuel, la richesse d'un pays peut se mesurer en raison de la qualité et de la quantité des voies de transport qui le sillonnent.

A elles seules, les routes constituent la fortune d'une contrée agricole. — Jusqu'en 1830, notre arrondissement ne possédait que deux belles routes, qui le traversaient, l'une du nord au sud, de Laval à Angers, l'autre de l'ouest à l'est, de Craon à Sablé ; elles datent de 1770 et 1780.

Les lois sur les routes et chemins ont, peu à peu, fait disparaître nos chemins, qui, souvent, n'étaient que des fondrières, et permis de reconstruire nos fermes, d'apporter la chaux partout, de pouvoir exporter les bois et tous les produits du sol, et cela à toutes les époques de l'année.

ROUTES. — Nous possédons :

Routes nationales. Développement	148.964	mèt.
Routes départementales. Développement ..	145.025	—
Chemins vicin. de grande communication	199.056	—
Chemins d'intérêt commun. Développem.	40.500	—
Chemins vicinaux classés	784.088	—
Parmi lesquels, en 3me catégorie	170.623	—
Reste à considérer comme viables en 1883.	613.465	—
Total	2.101.721	mèt.

Canaux. — Au chiffre imposant qui précède, il faut ajouter 44 *kilomètres* de notre belle rivière, la *Mayenne,* dont on termine actuellement la canalisation, depuis longtemps justement désirée.

Chemins de Fer. — 56 *kilomètres* de chemins de fer sillonnent déjà notre arrondissement de la façon la plus utile, en nous reliant à *Paris, Nantes*, la *Bretagne*, la *Normandie* et l'*Anjou,* contrées avec lesquelles nous avons des relations commerciales fort anciennes et des plus suivies.

Pour une superficie totale de 126,000 hectares, nous possédons, comme voies de transport, la longueur de 2,201 kilomètres. Ce qui nous dispense de tout commentaire.

Nous ne sommes plus, Dieu merci ! au temps où certains propriétaires créeaient mille difficultés pour le percement de ces voies. Aujourd'hui, on attend avec impatience, ce qui est bien légitime, l'achèvement de celles qui ne sont encore qu'à l'état de projet.

ENGRAIS & AMENDEMENTS

La chaux est la seule importation sérieuse faite dans nos fermes pour en amender le sol : notre pays en avait un besoin absolu, pour devenir productif en *froment* et en *bétail.*

La confection de routes, pour permettre l'apport de la chaux sur tous les points, était d'une indispensabilité incontestée et incontestable.

Il ne nous est connu que quelques essais de la chaux en agriculture, antérieurs à 1830. Dès l'année 1813, M. *Letort-Beauchêne*, maire de Craon, avait fait venir de la chaux de Grez-en-Bouère ; pour le même pays, M. *Déan de Saint-Martin,* vers 1825, avait fait venir douze hectolitres de chaux ; en compost de terre et de gazon, ils furent répandus sur la moitié d'un champ d'un hectare, ensemencé de froment. De la graine de trèfle avait été semée dans tout le champ. Une superbe prairie artificielle s'est développée dans la partie chaulée, et rien dans l'autre. *La chaux avait fait merveille.*

Par le chaulage, la fécondité de nos terres s'est considérablement accrue, et notre bétail, bien mieux nourri, a doublé de valeur. Mais, aujourd'hui, le *trèfle*, qui a été notre richesse, ne vient plus aussi bien : la couche arable, appelée à le nourrir, a été épuisée d'une large part de ce qui lui est indispensable pour son parfait développement.

Fort heureusement, depuis quelques années, la *luzerne* est venue. Cette plante fait bien, grâce à ses profondes racines qui vont puiser la vie dans des couches profondes, qui renferment un précieux approvisionnement alimentaire entraîné par les pluies qui ont lavé la terre arable, plus superficielle.

La chaux employée dans notre arrondissement nous vient des environs de *Laval*, de *Chalonnes-sur-Loire*, et surtout du canton de *Grez-en-Bouère*. Dans cette dernière contrée, nous possédons trois bancs de calcaire qui paraissent inépuisables. Cette richesse en marbre en fournit de gris et de rosés, fort recherchés dans l'industrie.

Nos agriculteurs savent mal employer la chaux ; le mélange qu'ils s'obstinent à faire avec le fumier, dans les tombes qu'ils dressent dans les champs, est vicieux au point d'aller jusqu'à allumer des incendies. Dans tous les cas, dans de pareilles conditions, la combustion qui s'opère, sensible ou non à l'œil, amène la destruction du fumier par les combinaisons qui en amoindrissent la richesse, si utile à rechercher.

Il y a là une réforme impérieuse à faire, que les propriétaires doivent exiger pour leur sol et dans l'intérêt du fermier.

Annuellement, notre arrondissement consomme 665,409 quintaux métriques de chaux.

Nous employons également des cendres lessivées dans la proportion de 772 quintaux.

Jusqu'à ce jour, l'importation d'engrais est presque

nulle, bien que nous affirmions l'utilité pressante d'engrais phosphatés ; mais, en attendant, il faut surtout recommander un meilleur soin de nos fumiers, ne pas perdre nos purins et, particulièrement, ne pas détruire aussi maladroitement ce que nos animaux nous fournissent d'engrais sur une large échelle.

Guano et autres engrais commerciaux. — La consonsommation de chaque année est, toujours en quintaux métriques, de 7,000.

Quelques nitrates ont été importés. M. de la Valette, tout particulièrement, a beaucoup de bien à dire du *nitrate de soude*, employé sur ses froments ; il a même préconisé, devant nous, l'emploi de ce sel, après en avoir obtenu de bons résultats, comme seul engrais, dans plusieurs récoltes de froment, sans interruption, sur le même terrain.

OUTILLAGE AGRICOLE

Bien qu'imparfait, depuis 1848, notre outillage agricole s'est accru de beaucoup, en se perfectionnant sensiblement.

Jusqu'en 1830, notre charrue était en bois, à part le soc et le coutre ; aujourd'hui, elle est toute de fer, moins l'âge et les mancherons.

Nous comptons 9,500 charrues, dont 1,200 dites perfectionnées.

Les personnes qui, il y a vingt ans, ont fait le plus pour propager la charrue de *Braban* sont MM. Dubois père, de la Touche de Craon, de la Valette et Picoreau.

Il y a 40 ans, le battage se faisait encore à l'aide du fléau et du rouleau de bois. Vers 1846, le rouleau en pierre traîné au pas a fait son apparition ; mais elle a été de courte durée : la machine à battre a pris sa place avec avantage. Il est peu de fermes qui n'ait sa batteuse, voire même les petites, quand le fermier est aisé.

La statistique la plus récente accuse plus de 4,000 machines à battre.

La faucheuse et la moissonneuse ne viennent que de faire leur entrée chez nous. Ces appareils arrivent à point pour parer à la pénurie des bras.

Ces instruments demandent une certaine modification à notre mode de faire ; les billons et les arbres sont une gêne qui peut et doit être amoindrie. La culture à plat, qui tend à se développer, amènera, en même temps, l'emploi plus en grand du semoir et l'utilisation plus facile des moissonneuses surtout.

Pour la campagne future, nous aurons 175 faucheuses et 75 moissonneuses. La maison *Gerbouin*, de Sablé (Sarthe), en a fourni la majorité, de différents systèmes.

Nous employons beaucoup de rouleaux, brise-mottes, de formes variées ; ils brillent plus par leur grand poids que par leur construction savante, et des herses puissantes.

Nos très-nombreuses charrettes sont très-pesantes, nos harnais trop lourds ; ceux-ci enveloppent presque les animaux qui les portent. Nous ignorons trop les lois de la mécanique, ce qui cause une dépense de forces en pure perte.

Tous nos outils agricoles sont mus ou traînés uniquement par le cheval. Le bœuf, depuis longtemps, a été spécialisé comme bête de rente.

Nos dernières récoltes, par leur mauvaise qualité, due aux intempéries, ont fait sentir l'utilité du *trieur* qui, jusqu'à ce jour, a le malheur d'être d'un prix trop élevé.

CULTURE DES CÉRÉALES

L'agriculture n'a qu'un ennemi à combattre : l'ignorance ; qu'un but à atteindre : la conquête de la terre, la nourricière de l'espèce humaine.

Nous devons, comme résultat, faire de l'argent avec notre agriculture, et non de l'agriculture avec notre argent.

FROMENT. — De toutes les céréales, c'est le *froment* qui, à beaucoup près, est le pivot de notre production ; c'est cette graminée qui commande l'*assolement triennal* de tout notre pays. Cette forme de culture paraît dater de *Charlemagne*.

Nous ne devons faire que 1/3 des terres labourables en froment ; le plus souvent, les baux le prescrivent, et, malheureusement, les fermiers ont une tendance à violer cette clause, pourtant fort sage ; certains vont jusqu'à faire les 2/5 en froment : ce qui est une cause d'épuisement de leurs terres, et amène, naturellement, une diminution de rendement.

Les froments que nous semons sont tous d'automne, et leur battage se fait à la mécanique, aussitôt après leur récolte. Le partage se fait immédiatement *dans les fermes à moitié*.

Il est ensemencé, chaque année, 33,500 hectares, à 2 hectolitres de semence.

Année moyenne, le produit brut est de 20 hectolitres. Soit un rendement total de :

700.000 hectol. en chiffres ronds.

Sur ce total :

37.000	hectol.	sont prélevés pour semer.
256.000	—	sont consommés sur place dans les fermes.
400.000	—	sont vendus au prix moyen de 20 fr. l'hectol.

C'est à peu près le prix moyen qui ressort depuis 1801 à 1876.

Ces blés sont vendus pour les usines du pays, ou pour celles de la Sarthe, et quelque peu pour l'Anjou ou Nantes.

Huit millions de francs sont donc produits par la vente des froments.

ORGE. — Production annuelle en hectares : 11,000.

Semence prélevée. Moyenne de la production : 25 hectolitres. Au total, 275,000 hectolitres.

Il est consommé dans les fermes : 175,000 hectolitres.

Annuellement, la vente s'élève au chiffre de 100,000 hectolitres, au prix moyen de 11 fr. 50 c. l'hectolitre. Soit pour 1,125,000 francs.

Ce que nous exportons d'orge est dirigé vers l'Angleterre, pour la fabrication de la bière. Ce commerce se fait par l'intermédiaire de maisons de *Nantes* et de *Saumur*.

AVOINE. — 4,800 hectares sont semés en avoine ; ils produisent 125,000 hectolitres, qui sont consommés dans les fermes et dans le pays.

Le sarrazin (blé noir) est peu cultivé : 500 hectares environ. On estime que le produit s'élève à 10,000 hectolitres, qui ne sont pas exportés.

De ce qui précède, il ressort que, pour notre arrondissement, la culture des différentes *céréales* et leur vente produisent annuellement 9,500,000 francs.

NOS PRODUITS ANIMAUX

ESPÈCE BOVINE

Le *Bœuf* est, sans contre dit, le plus productif de nos animaux.

Depuis la confection de nos routes, il n'est plus utilisé que comme bête de rente. Nous avons appris à spécialiser.

L'ancienne race *Mancelle* a presque complètement disparu, et nous assistons, depuis 1844, à son remplacement par le *Durham*.

Notre sol, surtout notre climat, si convenables à cette race anglaise, ont permis l'introduction profitable des *courtes cornes* ; ce qui date de 35 années.

Dans l'immense majorité des cas, nos animaux possèdent du sang *durham*. Leur précocité est grande : à 40 mois, *tous nos bœufs* sont vendus et fort recherchés, à ce point que nos foires perdent de leur importance. De nombreux marchands achètent, en toute saison, dans les fermes, grâce à nos lignes ferrées qui permettent, aujourd'hui, une exportation dont on est toujours maître.

La *Normandie*, le *Nord*, la *Vendée*, la *Nièvre* et le *Cher* nous demandent nos produits, et ces pays achètent avec une aisance que facilite le déplacement, de courte durée, des engraisseurs, même pour les cas où ceux-ci sont éloignés de nous.

Le prix de la saillie, pour nos bons taureaux, est, au minimum, de 5 francs, et souvent plus élevé : jusqu'à 20 francs.

Ces reproducteurs sont réformés de trois à quatre ans, ce qui est quelques fois trop tôt : à ce moment, ils ont atteint le poids de 8 à 900 kilos, et sont livrés tels à la *boucherie*.

La place de Château-Gontier, pour les veaux d'élevage, est très-fréquentée.

Leur prix moyen, de six à huit semaines, varie 120 à 180 francs, pour les mâles ; les femelles se vendent de 80 à 120 francs.

Les mâles sont castrés pendant l'allaitement, qui dure de 3 à 4 mois, selon la valeur du nourrisseur.

Les taureaux sont livrés à la reproduction vers l'âge de 1 an, et les femelles sont saillies quand elles ont de 16 à 20 mois.

Le sang de *durham* doit être proportionné à la richesse du sol et à l'abondance des ressources dont on dispose. La précocité ne résultant que de l'*hérédité* et du *régime*, ce qui fait que, si on augmente l'aptitude digestive, il faut augmenter les fourrages en *quantité* et en *qualité*.

Pour nous, une seule chose à désirer : prévenir tout amaigrissement, ce qui, pour nos éleveurs, serait une cause assurée de bénéfices considérables.

Le jour, fort désirable, où nous saurons entretenir nos vaches dans un état d'embonpoint satisfaisant et où nous les livrerons à la vente non amaigries, comme cela se passe présentement, nous aurons fait un pas immense dans notre production bovine.

Tableau indiquant le nombre d'Animaux de l'espèce bovine que nous possédons sur une superficie de 111,000 hectares.

DÉSIGNATION.	CANTONS						POUR L'ARRONDISSEMENT.
	BIERNÉ.	CH.-GONTIER.	COSSÉ.	CRAON.	GREZ.	St-AIGNAN.	
Veaux et Bouvillons....	3.518	5.406	4.714	4.972	4.687	3.833	27.130
Génisses.............	305	910	311	559	342	310	2.737
Vaches...............	3.829	6.323	4.100	4.986	4.043	4.045	27.326
Taureaux.............	120	171	130	141	147	97	806
Bœufs................	2.281	3.003	1.882	2.094	2.206	1.705	13.161
	10.053	15.813	11.137	12.752	11.425	9.990	71.160

ESPÈCE CHEVALINE

Actuellement, le *cheval* est appelé à tous les travaux agricoles. Avant 1836, date de la création de nos routes, cet animal était utilisé seulement au transport de quelques denrées et à diriger les attelages de bêtes à cornes.

Il y a longtemps que, dans notre arrondissement, il est l'objet de soins particuliers et d'amélioration continue.

Depuis le *Consulat* jusqu'en 1819, un dépôt d'*étalons* a existé au château de *Craon* ; il était composé de 24 têtes recrutées en Russie, en Orient et en Espagne. Ces animaux, au moment de la monte, étaient placés en station.

L'ancienne race de notre pays était petite, sobre et nerveuse ; de couleur sombre pour le plus souvent.

La création des routes en *France* et le développement de nos grandes industries ont amené l'utilisation du cheval de gros trait. Le nôtre, ne paraissant plus réunir les conditions de l'époque, a été réformé et remplacé par des juments plus puissantes. La *Bretagne* d'abord, la *Normandie* et le *Perche* ensuite, ont été les contrées où nous avons été puiser nos poulinières, presque toutes grises ; mais il y a longtemps que nous nous repeuplons chez nous.

Des *Percherons* gris, du pays de *Valon* (Sarthe), ont été, comme pères, les créateurs de ce que nous possédons ; mais ce n'est plus qu'un souvenir historique.

De 3 à 4 ans, nos juments sont couvertes. Le prix de la saillie varie de 10 à 12 francs. Beaucoup d'étalons sont conduits dans les fermes.

L'élevage du cheval de sang diminue chaque jour chez nous : ce qui est commandé par nos intérêts agricoles, qui veulent que nous fassions le cheval de trait du type *percheron,* dont nous vendons fort cher et très facilement les produits en toute saison.

Tous les poulains mâles sont vendus *avant un an.* Actuellement, les étalons de couleur sombre prédominent ; il y a douze ans, il y en avait à peine quelques-uns.

L'administration des *Haras* ne changera rien à notre mode de faire ; nous élevons de bons artilleurs et, du fait de ce service rendu à l'Etat, nous méritons de celui-ci des encouragements qui se font désirer.

Annuellement, 10,000 juments sont saillies par 80 *étalons,* dont la plupart ne sont pas sans valeur ; 6,000 poulains naissent, et, sur ce nombre, tous les mâles, soit au moins 2,500, sont vendus, et 1,000 pouliches ; le restant est élevé et remplace les pertes ou les réformes. Un millier de bêtes sont vendues, chaque année, à des marchands ou à l'industrie ; la remonte ne figure que pour quelques têtes. Nous appartenons à la circonscription d'Alençon, qui a la fausse prétention de trouver chez nous le cheval de selle.

La vente de nos poulains a produit, cette année, *au moins* 1,400,000 francs.

Et celle des 1,000 produits de trois à six ans, environ 1,000,000.

Nos poulains sont achetés par le *Perche*, la *Normandie,* la *Bretagne* et la *Picardie.*

Tableau indiquant le nombre d'Animaux de l'espèce chevaline que nous possédons sur une superficie de 111,000 hectares.

DÉSIGNATION.	CANTONS						POUR L'ARRONDISSEMENT.
	BIERNÉ.	CH.-GONTIER	COSSÉ.	CRAON.	GREZ.	St-AIGNAN.	
Poulains, Pouliches de moins de 3 ans.....	520	337	1.117	721	515	520	3.730
Chevaux entiers......	65	86	67	73	181	78	550
Chevaux hongres.....	309	450	277	405	395	295	2.131
Juments............	1.665	3.068	2.282	2.278	1.787	1.685	12.765
	2.559	3.941	3.743	3.477	2.878	2.578	19.176

Au total : 19,176 têtes, d'une valeur de 10,000,000 de francs.

ESPÈCE PORCINE

L'entretien du porc est d'une grande et lucrative production ; on peut affirmer que la femme est tout dans cette opération.

La race *craonnaise*, si justement appréciée de tous ceux qui l'ont vue de près, a pris naissance dans notre arrondissement, dans le pays dont la ville de Craon est comme le point central.

Dès du temps des *Romains*, notre porc était fort estimé. Il y a bien des années que le commerce recherche nos produits, aussi bien à l'état de porcelet que plus tard. Les animaux que nous entretenons sont rustiques, féconds et bons marcheurs, sans être grands.

Le *Craonnais* est précoce, fournit un lard agréable, qui prend très-bien le sel ; cette viande forme la base de la nourriture dans toutes les fermes, de même que celle de la classe ouvrière de nos bourgs.

Nos animaux arrivent facilement à fournir jusqu'à 150 kilog. de viande à un an, et le double quelquefois à 24 mois, après avoir produit deux ou trois fois. Il est rare, dans notre pays, de voir porter une truie plus de quatre fois ; cependant, il nous est appris que, dans le canton de Bierné, une truie, qui a porté huit fois, a produit, en argent, 3,000 francs. Cette truie a été vendue en 1878.

Depuis vingt années surtout, on livre au commerce, *pendant toutes les saisons*, des porcs de six à huit semaines. La *Sarthe* et les *bords de la Loire* viennent nous les acheter à beaux deniers. La moyenne de leur prix est de 20 francs, et il est fort rare que le vendeur ne trouve pas un placement facile de ses produits abondants. On peut en juger l'importance en sachant que notre arrondissement exporte, annuellement, environ 30,000 porcelets ; la moitié de ce chiffre est vendue sur la seule place de Château-Gontier.

La *ladrerie*, anciennement commune chez nous, a à peu près complètement disparu. L'hygiène de ces animaux est mieux entendue : les logements ont été rendus plus salubres, leur nourriture est meilleure et plus uniformément suffisante. Certaines affections, anciennement meurtrières, ont cédé en présence de soins intelligents.

Quelques exportations éloignées nous ont valu des félicitations qui profitent au pays.

Plusieurs propriétaires entretiennent d'excellents *porcs anglais*, particulièrement des *new-leicester* qui, bien des fois, ont obtenu de *grands prix*. Malgré des croisements bien réussis, nous devons conserver la pureté de notre race *craonnaise*.

Espèce Porcine. — Nous possédons dans notre arrondissement

DÉSIGNATION.	CANTONS						POUR L'ARRONDISSEMENT.
	BIERNÉ.	CH.-GONTIER	COSSÉ.	GREZ.	CRAON.	St-AIGNAN.	
Cochons de lait........	1.950	4.048	3.756	2.186	3.899	3.979	19.818
Verrats	13	11	13	12	9	6	64
Cochons..............	296	313	111	285	117	84	1.206
Truies	877	1.438	1.010	890	1.143	979	6.337
TOTAUX.......	3.136	5.810	4.890	3.373	5.168	5.048	27.425

Total général : 27,425 porcs.

ESPÈCE OVINE

Du temps où nous avions des *jachères* et de *grands champs de genêts,* nous entretenions un bien plus grand nombre de moutons qu'aujourd'hui.

A cette époque, nos bergeries étaient peuplées de moutons appartenant à la *variété du Poitou,* désignée sous le nom de race de *Mortagne,* petite ville de cette province.

Il est rare, maintenant, de rencontrer des troupeaux de plus de vingt têtes, mères et petits.

Presque tous nos moutons ont, plus ou moins, du sang *anglais*. Bien que, chez nous, cet animal reçoive trop peu de soins particuliers et qu'il passe sa vie dehors d'une façon presque continue, le mouton fait ordinairement bien : il est fécond en même temps que précoce.

Les béliers et les agnelles sont livrés à la reproduction dès l'âge d'un an.

Nous n'entretenons que des *Dysley* et des *southdown,* plus ou moins avancés ; beaucoup approchent du pur-sang, ce qui est loin d'être rare dans beaucoup de fermes.

Nous possédons de nombreux sujets remarquables qui ont fait connaître, dans les concours de région, les noms de certains propriétaires et fermiers, parmi lesquels, plus particulièrement, ceux de *MM. le marquis de la Tullaye, Gernigon, Salmon,* de Craon, *Abaffour, Mahier,* de Menil, *Rezé,* du canton de Grez-en Bouère.

Depuis la guerre, on a essayé, sans succès, l'introduction du *Cotteswold.*

A l'âge adulte, nos *Dysley* atteignent facilement et dépassent 70 kilos ; aussi les *southdown,* moins lourds, sont ils plus recherchés par la boucherie de notre pays.

La laine n'est pas l'objet d'une attention bien particulière de la part de nos fermiers. Une partie notable de celle-ci est employée sur place.

Il paraît que l'usage de tondre en coupant la toison n'est pas d'une date très-reculée : au XVIIe siècle, on l'arrachait encore. Dans notre arrondissement, le mouton est appelé à vivre de ce que les autres animaux ne peuvent prendre dans les champs ; c'est pour cela surtout, que, pendant la saison de l'hiver, il est trop constamment dehors : ce qui est cause d'accidents trop souvent mortels pour les nouveaux-nés.

Espèce Ovine. — Existences dans l'arrondissement.

DÉSIGNATION.	CANTONS						POUR L'ARRONDISSEMENT.
	BIERNÉ.	CH.-GONTIER	COSSÉ.	CRAON.	GREZ.	St-AIGNAN.	
Agneaux.............	1.238	1.852	2.087	872	1.487	598	8.234
Beliers..............	51	51	122	34	43	32	233
Moutons.............	59	46	28	21	71	24	249
Brebis...............	1.004	1.494	1.626	824	1.222	560	6.730
TOTAUX.........	2.352	3.443	3.863	1.751	2.823	1.214	15.446

Total général : 15,446 têtes.

VOLAILLES

Nous ne voulons parler que de celles élevées dans nos fermes.

Pour toute ménagère intelligente et active, le produit de la basse-cour ne laisse pas que d'avoir une certaine importance ; la maison en éprouve du bien-être, en même temps que la bourse se remplit d'autant.

Toutes nos volailles vivent en liberté, et, trop rarement, un appartement convenable leur est réservé.

Logées dans des réduits obscurs, froids, mal aérés, il n'est pas toujours aisé de les protéger contre certains animaux, et surtout contre des parasites qui les font souffrir, quand ils ne vont pas jusqu'à les faire périr.

Les espèces que nous possédons en grand sont l'*oie*, la *poule* et le *canard*, quelques pigeons ; le dindon et la pintade sont assez rares ; cependant l'élevage de celle-ci paraît s'accroître.

L'*oie* que nous produisons est l'*oie cendrée* ; nous en avons deux variétés : l'une plus grosse que l'autre. La plus petite et la plus rustique s'élève plus facilement ; bonne de ponte, elle couve bien et produit beaucoup ; de couleur plus foncée ; grasse, elle ne dépasse guère le poids de 5 kilogr. L'autre variété, la plus forte, atteint facilement le poids de 6 à 7 kilogr.

L'oie se vend facilement pour la consommation locale, pour *Paris* et *Londres*. Chez nous, l'oie de Toulouse se reproduit mal ; mais j'ai remarqué de superbes croisements de celle-ci avec notre grosse variété.

Chacune de nos exploitations entretient quelques sujets qui, annuellement, au total, produisent 100,000 oies ; 66,000 environ sont vendues au prix moyen de 7 fr. 50 l'une. Avec la plume qu'elles fournissent, c'est un produit qui atteint le chiffre de 500,000 francs.

La *poule* que nous produisons est la poule commune, et, fort heureusement encore, la plus répandue est l'ancienne race du pays, qui est noire et à crête simple. La Cochinchinoise et ses croisements sont impitoyablement réformés de beaucoup de nos fermes : ce sont de mauvais produits.

Nous entretenons, au minimum, 200,000 poules, qui se renouvellent par quart. Au prix de 3 francs l'une, avec la vente des poulets, on obtient un chiffre égal au produit de l'oie :

Soit.	500.000 fr.
Il est vendu des œufs pour.	400.000 —
Et des autres volailles réunies pour . .	100.000 —
Total.	1.000.000 fr.

Nos 7,000 exploitations fournissent donc un produit annuel dont la valeur atteint le chiffre de 1,500,000 francs.

VALEUR DE NOS ANIMAUX

LEUR PRODUCTION ANNUELLE

Les prix de nos animaux ne peuvent être suspectés ; ils m'ont été fournis par les travaux d'estimation faits, à la Toussaint dernière, par nos experts.

Dans ce travail, il n'est tenu compte ni de l'âge, ni du sexe.

Notre *espèce bovine* est d'une valeur moyenne de 247 fr. Nous avons 71,160 animaux. — Valeur........	17,676,520 fr.
L'*espèce chevaline* est d'une valeur moyenne de 490 fr. Nous avons 19,176 animaux. Val.	9,395,240 fr.
L'*espèce porcine* est d'une valeur moyenne de 51 fr. Nous avons 27,425 animaux. Valeur.	1,398,675 fr.
L'*espèce ovine* est d'une valeur moyenne de 45 fr. Nous avons 15,446 animaux. Valeur.	695,070 fr.
Total de la valeur.......	29,165,505 fr.

Chaque année, nous vendons :

Espèce *bovine*...........	Pour	7,000,000 fr.
» *chevaline*........	»	2,400,000 fr.
» *porcine*..........	»	1,600,000 fr.
» *ovine*............	»	350,000 fr.
Produits de la *basse-cour* .	»	1,500,000 fr.
		12,850,000 fr.

Report du Total d'autre part...		12,850,000 fr.
En y joignant le prix de nos froments et de nos orges ..	Pour	9,500,000 fr.
Celui de nos avoines, du sarrazin et autres grains	»	500,000 fr.
Enfin, le produit de nos vignes, situées dans le canton de Bierné, le produit de la vente de nos cidres, du beurre et du lin..........	»	700,000 fr.
On arrive à constater que le produit brut et annuel de notre arrondissement s'élève au chiffre de.............	»	23,550,000 fr.

DÉBOUCHÉS

DE NOS PRODUITS AGRICOLES

FOIRES ET MARCHÉS

En *économie agricole,* comme en *économie commerciale*, le *débouché* règle la *production*, et, grâce à l'installation des lignes ferrées, notre position ne laisse plus rien à désirer.

Nous ne devons ni ne pouvons changer notre industrie rurale ; notre devoir est seulement d'améliorer notre mode de faire, pour produire plus, sans accroître notablement nos frais généraux.

Notre produit, en bétail, est fort recherché ; depuis la guerre, des contrées qui nous étaient, jusque-là, inconnues, viennent faire concurrence aux contrées, qui, anciennement et aujourd'hui encore, fréquentent nos foires et visitent nos étables.

La *Vendée* nous achète nos plus forts bœufs pour les engraisser à l'étable ; la *Normandie*, depuis une époque fort reculée, enlève, au printemps surtout, nos bêtes maigres pour les nourrir dans ses pâturages fertiles. Le *Nord* et la *Belgique* prennent beaucoup de nos animaux pour les engraisser, soit à l'herbe, soit avec des résidus de grains ou de racines. Enfin, des personnes du *Cher* et de la *Nièvre* visitent notre pays depuis quelques années.

Un certain nombre de marchands sont commissionnés pour acheter ou achètent pour revendre, à leurs risques et périls.

Anciennement, la vente de nos produits ne se faisait guère qu'au printemps, et maintenant c'est pendant toute l'année ; autrefois toujours en foire, aujourd'hui beaucoup à l'étable.

Quand nos animaux sont assez gras, ils servent à l'alimentation du pays ou sont conduits directement à la Vilette.

Nos chevaux sont vendus souvent à la ferme ou aux foires de chez nous ou des villes voisines, Laval, Sablé (Sarthe), Segré (Maine-et-Loire), Angers.

Nous comptons, par année, 52 foires dans tout l'arrondissement, et quelques petites foires de mois. Leur importance diminue en raison des opérations faites à domicile ; mais le pays n'y perd rien dans le chiffre de ses recettes.

Château-Gontier a des marchés importants, le jeudi ; *Craon*, le lundi. Tous les petits animaux qui ne sont pas vendus aux foires sont conduits aux marchés, par exemple : les *porcs*, les *moutons*, les *veaux* d'élevage ou de boucherie ; enfin, les volailles et autres denrées.

Les *céréales* se vendent en tout temps à des marchands, à la meunerie locale et à la minoterie de la Sarthe et de Maine-et-Loire. Les ventes se font sur échantillons.

Les livraisons s'effectuent en gare, aux usines ou aux magasins des négociants.

Nos *orges* prennent la direction de l'Angleterre, pour ses brasseries ; celles que produit notre contrée paraissent recherchées.

La place de Nantes, qui, il y a seulement vingt ans, était, pour nos céréales, un débouché toujours ouvert et assuré, de même que pour nos farines, a perdu, depuis cette époque, énormément de valeur : ce qui a créé une *gène notable* pour notre *minoterie* en général.

Paris, en raison de sa grande consommation, nous assure une vente facile et profitable de tous les produits de consommation d'un transport facile, qui se fait vite, depuis que nous n'en sommes plus qu'à six heures de marche.

La vie est devenue plus chère dans nos villes et villages ; mais il y a lieu d'espérer que la campagne, produisant pour plus d'argent, en dépensera un peu plus en achats divers.

FIN

TABLE DES MATIÈRES

	PAGES
RAPPORT par M. MOLL	1
AVANT-PROPOS	5
Géographie de la Mayenne	7
Géographie de l'arrondissement de Château-Gontier	9
Minéralogie et Géologie	11
Hydrographie de l'arrondissement de Château-Gontier	13
Population par catégories diverses	15
Serviteurs ruraux	17
Administration ecclésiastique	19
Instruction	21
Justice	25
Santé publique	27
Alimentation	29
Constructions rurales	31
Abreuvoirs	33
Notes historiques	35
Sol arable	37
Bois et Forêts	39
Economie rurale	41
Encouragements à l'Agriculture	43
Médecine vétérinaire	47
Voies de transport	49
Engrais et Amendements	51
Outillage agricole	55
Culture des Céréales	57
Nos produits animaux. — Espèce Bovine	59
— Chevaline	63
— Porcine	67
— Ovine	71
Volailles	75
Valeur de nos animaux, leur production annuelle	77
Débouchés de nos produits agricoles	79

CHATEAU-GONTIER. — J.-B. BEZIER, IMPRIMEUR.

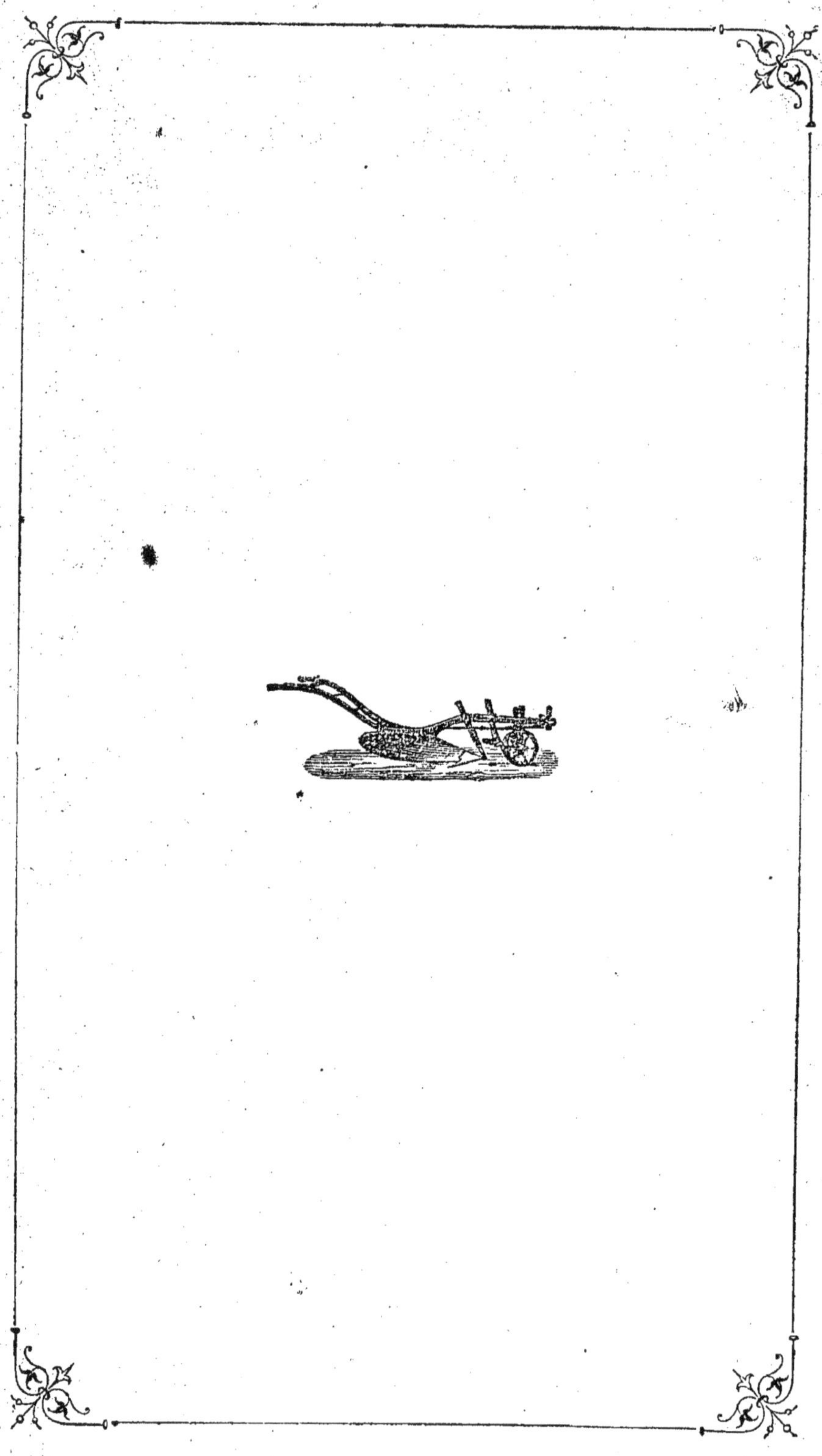

www.ingramcontent.com/pod-product-compliance
Ingram Content Group UK Ltd.
Pitfield, Milton Keynes, MK11 3LW, UK
UKHW022125190726
13855UKWH00003B/1035